Chayot Gatdet

Os serviços de extensão agrícola da Etiópia: Uma perspetiva mista

Chayot Gatdet

Os serviços de extensão agrícola da Etiópia: Uma perspetiva mista

ScienciaScripts

Imprint

Cover image: www.ingimage.com

This book is a translation from the original published under ISBN 978-620-7-46457-9.

Publisher:
Sciencia Scripts
is a trademark of
Dodo Books Indian Ocean Ltd. and OmniScriptum S.R.L publishing group

120 High Road, East Finchley, London, N2 9ED, United Kingdom
Str. Armeneasca 28/1, office 1, Chisinau MD-2012, Republic of Moldova, Europe
Printed at: see last page
ISBN: 978-620-8-03539-6

Conteúdo

Agradecimentos

A espiritualidade e a fé desempenharam um papel significativo na definição da direção e do foco deste livro. Por exemplo, durante o processo de recolha e análise de dados, dei por mim a recorrer frequentemente à oração e à meditação para obter orientação e clareza. Esta integração da espiritualidade e da fé enriqueceu o livro e acrescentou-lhe uma perspetiva única. Além disso, o apoio que me foi dado pela minha mulher moldou grandemente a direção deste livro. Ela estava a cuidar dos nossos filhos enquanto eu estava a escrever este livro. Da mesma forma, a Universidade de Gondar é reconhecida pelas suas contribuições para a promoção da investigação e dos serviços de conhecimento no campus. Estes serviços foram fundamentais para moldar a minha compreensão deste tópico e abriram o caminho para mais investigação e desenvolvimento neste domínio.

Biografia

O autor, que é atualmente pai de três filhos e uma filha, nasceu em Warweng Payam, Longechuk County, no Sudão do Sul, a 11 de novembro de 1990 G.C. Começou a sua escola primária na escola número dois de Itang, a partir de 20012004 G.C. Depois mudou-se para a escola secundária de Itang para completar a sua classe júnior e secundária de 2005-2010 G.C. De 2011-2012 G. C, o autor terminou a sua escola preparatória na Escola Secundária e Preparatória de Gambella. Em 2013, ingressou na Universidade de Gondar para estudar o seu bacharelato.

Em 2015, o autor tinha-se licenciado pela Universidade de Gondar com o grau de Bacharel em Ciências no departamento de Desenvolvimento Rural e Extensão Agrícola. Desde 2016 até finais de 2017, trabalhou no Instituto Regional de Investigação Agrícola de Gambella como investigador júnior. No final de 2017, ingressou na Universidade de Gambella como assistente graduado I no departamento de Desenvolvimento Rural e Extensão Agrícola. No final de 2018, fez o seu mestrado na Universidade de Gondar em meios de subsistência rurais e segurança alimentar. Ultimamente, está a fazer o seu doutoramento em Desenvolvimento Rural e Segurança Alimentar na mesma universidade.

Prefácio

O autor, Sr. Chayot Gatdet, é atualmente professor na Universidade de Gambella. É candidato a doutoramento na Universidade de Gondar em Desenvolvimento Rural e Segurança Alimentar. As suas áreas de investigação são os meios de subsistência, a segurança alimentar e nutricional, a extensão agrícola, a pastorícia, o desenvolvimento sustentável e o ambiente. Em 20212022, publicou 12 artigos em revistas e 1 livro.

Na Etiópia, existem muitos obstáculos que afectam a orientação do ensino de extensão. Este subsector da agricultura enfrenta vários desafios no campo agrícola ao longo do ano. Isto acontece com todos os agricultores do país, em todos os níveis. Estes constrangimentos afectam todos os que se dedicam à sua atividade agrícola, bem como os extensionistas e as instituições agrícolas. Assim, as organizações precisam de desenvolver a capacidade de minimizar os desafios e utilizar as oportunidades da extensão agrícola na Etiópia.

E, no entanto, muitos académicos têm prejudicado as publicações dos serviços de extensão agrícola em todo o mundo científico. Assim, a publicação deste livro tornou-se numa experiência e análise de estudos anteriores no país. Assim, o livro compreende como principais preocupações os constrangimentos, as contribuições e as perspectivas.

Por conseguinte, este livro foi concebido para reforçar a atitude positiva, incentivar as competências, aumentar os conhecimentos e melhorar a prática da extensão agrícola nos campos agrícolas. Este livro visa igualmente conceber diferentes estratégias para gerir os desafios dos serviços de extensão. Está igualmente preparado para fornecer uma orientação concisa aos agricultores no terreno.

Resumo

A extensão agrícola é o principal mecanismo que melhora a produção agrícola. Assim, o principal objetivo deste documento era analisar os serviços de extensão agrícola da Etiópia. A revisão da literatura foi utilizada para recolher os dados na Etiópia. Este método recolheu e avaliou os documentos publicados que se relacionam com a extensão agrícola no país. A avaliação de vários estudos mostrou que a extensão agrícola contribui para melhorar a agricultura, melhorar a comercialização, educar os agricultores, conservar os recursos naturais, promover novas tecnologias, promover uma agricultura sustentável e divulgar informações em vários contextos. Por outro lado, a fraca interação, a baixa participação, a falta de competências técnicas, a falta de utilização dos serviços, a fraca ligação da extensão à investigação, a falta de incentivos e a falta de adaptação adequada às tecnologias condicionam o sistema de extensão em todo o país. Do mesmo modo, os factores de produção agrícola disponíveis, a elevada procura de produtos agrícolas, os doadores disponíveis, o acesso a estradas e meios de comunicação, o acesso ao crédito e a mão de obra disponível são as principais perspectivas do sistema de extensão na Etiópia. Por conseguinte, o governo da Etiópia tem de resolver os constrangimentos dos serviços de extensão, utilizando simultaneamente as suas perspectivas para melhorar o sector agrícola.

Palavras-chave: Serviços de Extensão, Extensão Agrícola, e Etiópia

1 Introdução

Na Etiópia, o sistema de extensão agrícola foi iniciado no regime imperial e tem sido aplicado em diferentes áreas dos sistemas de conhecimento (Biratu, 2008). O sistema de extensão está estabelecido a diferentes níveis no país. Funciona a nível federal, regional, zonal, distrital, kebele, agentes de desenvolvimento e membros do agregado familiar (Waktole, 2020). O serviço de aconselhamento para o país centra-se em muitas questões. Trata das estruturas de governação, do desenvolvimento do sector, do reforço das capacidades, da gestão e dos métodos de utilização dos serviços (Tewodaj et al., 2009).

Assim, como é bem reconhecido (Anaeto et al., 2012), os serviços de assessoria de extensão desempenham um papel crítico no crescimento e desenvolvimento do sector agrícola. A extensão agrícola é utilizada para ajudar os agricultores a melhorar a sua capacidade de adotar e implementar novos métodos e partilhar informações sobre novas tecnologias (Aregawi, 2017). A Extensão Agrária contribui para o desenvolvimento agrícola, ajudando e facilitando aqueles que trabalham na agricultura. Os serviços de extensão agrícola estão frequentemente preocupados com o fornecimento de tecnologias ou insumos agrícolas, a fim de aumentar a produtividade agrícola (Tariku et al. 2021). A extensão agrícola e os serviços de aconselhamento abordam os desafios da sustentabilidade do sistema de produção, bem como a qualidade de vida e os meios de subsistência rurais (Nwafor, 2020).

Por outro lado, devido à evolução socioeconómica e às reformas do sector agrícola, os serviços públicos de extensão nos países em desenvolvimento enfrentaram alguns obstáculos na última década (Biratu, 2008). Uma missão de extensão é difícil em comparação com o trabalho com animais e plantas em instalações de investigação seguras e agradáveis, e isto porque trabalha com pessoas analfabetas e pobres das zonas rurais com o objetivo de influenciar positivamente o seu comportamento (Qamar, 2005). As técnicas de extensão do passado na Etiópia foram desenvolvidas e implementadas de cima para baixo, sem a participação das pessoas para as quais foram concebidas (Belay, 2003). Embora o número de extensionistas em muitas regiões do país seja bastante reduzido, os que existem carecem de qualificações e de capacidades de comunicação (Belay e Abebaw, 2004).

No entanto, não existem estudos suficientes sobre as perspectivas mistas dos serviços de extensão na Etiópia. Anteriormente, alguns estudos foram realizados sobre a avaliação dos desafios e oportunidades para a extensão (Asfaw, 2018; Tilahun, 2018). Por outro lado, Waktole (2020) investigou o papel da extensão e também os seus desafios. Pelo contrário, Alemayehu e Marta (2018) examinaram a evolução da abordagem dos serviços de extensão na Etiópia. No entanto, esses estudos não conseguiram apresentar os constrangimentos, as perspectivas e as contribuições dos serviços de extensão agrícola no país. Da mesma forma, algumas dessas investigações foram efectuadas a nível local.

Por essa razão, as consequências da falta de estudo dos serviços de extensão agrícola da Etiópia seriam prejudiciais para o desenvolvimento e o crescimento globais do sector agrícola na Etiópia. Os agricultores etíopes continuariam a enfrentar dificuldades no acesso a informações e recursos importantes. Consequentemente, a produtividade agrícola permaneceria baixa, conduzindo a uma estagnação do crescimento económico do sector e a uma melhoria limitada dos meios de subsistência dos agricultores. Além disso, sem o estudo, os agricultores etíopes teriam dificuldade em estabelecer contactos com potenciais compradores e comercializar os seus produtos de forma eficaz. Esta situação resultaria em oportunidades de mercado limitadas e em lucros baixos para os agricultores, agravando ainda mais o ciclo de pobreza e a melhoria limitada dos meios de subsistência. Além disso, sem estudo, haveria uma falta de transferência de conhecimentos e de orientação para os agricultores, impedindo-os de adotar práticas agrícolas sustentáveis e de maximizar os seus rendimentos. Assim, os resultados deste estudo podem fornecer informações valiosas sobre a eficácia de diferentes abordagens e estratégias. Este conhecimento pode ser partilhado com os decisores políticos, profissionais e partes interessadas para informar a tomada de decisões e moldar futuras intervenções. Além disso, o estudo dos serviços de extensão agrícola também pode contribuir para uma compreensão mais alargada da forma como a tecnologia e a inovação podem ser aproveitadas para enfrentar os desafios únicos com que se deparam os agricultores nos países em desenvolvimento como a Etiópia. Além disso, o estudo dos serviços de extensão agrícola na Etiópia pode também lançar luz sobre os factores socioeconómicos que influenciam a adoção e o êxito destes serviços. Além disso, a análise dos desafios enfrentados pelos agricultores na Etiópia pode contribuir para uma melhor compreensão das necessidades específicas dos pequenos agricultores. Estes agricultores não têm frequentemente acesso ao crédito, a técnicas agrícolas modernas e a infra-estruturas adequadas, o que dificulta a sua capacidade de maximizar os seus rendimentos.

Por conseguinte, a principal solução consistiu em realizar um estudo bibliográfico em toda a Etiópia. Este estudo foi efectuado em todo o país com as perspectivas combinadas. Os objectivos específicos são:

- Examinar as contribuições dos serviços de extensão agrícola
- Explorar os constrangimentos dos serviços de extensão agrícola
- Analisar as perspectivas dos serviços de extensão agrícola

2 Metodologia de investigação

1.1. Descrição da zona de estudo

A Etiópia é um país situado no Corno de África (Figura 1). Faz fronteira a norte com a Eritreia, a leste com o Djibuti e a Somália, a oeste com o Sudão e o Sudão do Sul e a sul com o Quénia.

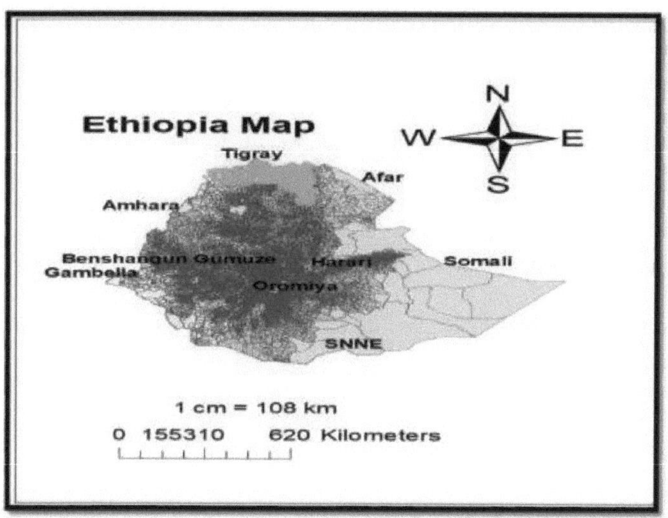

Figura 1: Mapa da Etiópia

A Etiópia tem um planalto central elevado com altitudes que variam entre os 1.290 e os 3.000 metros (4.232 a 9.843 pés), com o pico mais alto a atingir os 4.533 metros (14.872 pés). A Etiópia é o segundo país mais populoso de África, com cerca de 80 milhões de pessoas a viver numa área terrestre de 1,1 km2. O clima da Etiópia, bem como o dos seus países vizinhos, é muito variável. A agroecologia das terras altas da Etiópia é temperada, enquanto as terras baixas são quentes. O país está inteiramente situado nos trópicos, embora a elevação do terreno compense a sua proximidade do equador. A temperatura em Adis Abeba varia entre 2.200 e 2.600 metros (7.218 a 8.530 pés), com um máximo de 26 graus Celsius (78,8 graus Fahrenheit) e um mínimo de 4 graus Celsius (39,2 graus Fahrenheit).

1.2. Recolha de dados e métodos de análise

O principal objetivo deste artigo é analisar as perspectivas dos etíopes relativamente aos serviços de extensão agrícola. Os dados deste artigo foram obtidos através de uma revisão da literatura. O documento recolheu os dados secundários de vários estudos na Etiópia. A informação de segunda mão foi recolhida dos documentos existentes sobre as contribuições, os constrangimentos e as perspectivas da extensão agrícola em todo o país. Assim, as principais fontes deste artigo foram artigos de revistas, actas de conferências, teses e relatórios do governo e das ONG.

Como resultado, cerca de 37 artigos foram utilizados para avaliação. Com base nos temas, nos tempos e nos locais dos estudos, estes artigos foram considerados adequados para a explicação deste artigo. Assim, os dados desses artigos foram fortemente criticados para se obterem melhores resultados. Entretanto, há muitos métodos envolvidos na análise dos dados recolhidos nos trabalhos publicados. Os dados foram explorados através de métodos de base temática e do método de compreensão.

3 Resultados e discussões

1.3. Os conceitos e as definições

1.3.1. Agricultura

O conceito de agricultura envolve o cultivo de culturas e a criação de gado para a produção de alimentos e outros produtos agrícolas. Engloba várias actividades como a preparação do solo, a plantação, a rega, a fertilização e a colheita. Na Etiópia, onde a agricultura é um sector vital da economia, o conceito de agricultura vai além das práticas agrícolas tradicionais e inclui a adoção de tecnologias e técnicas modernas para melhorar os rendimentos e garantir a segurança alimentar. Ao adotar o conceito de agricultura e implementar estratégias inovadoras, a Etiópia pode aproveitar todo o potencial do seu sector agrícola e alcançar um desenvolvimento sustentável.

A agricultura é o termo geral utilizado para descrever muitas formas através das quais as plantas e os animais domésticos fornecem alimentos e outros artigos à população humana mundial. Assim, para minimizar interpretações erróneas, é necessário clarificar vários termos agrícolas (Harris & Fuller, 2014). A agricultura é derivada das palavras latinas ager (campo) e colo (cultivar), que juntas denotam o campo agrícola latino ou a lavoura da terra (Harris & Fuller, 2014). Isto implica que a agricultura é o cultivo de culturas e a criação de animais.

1.3.2. Extensão agrícola

A extensão agrícola é um conceito multifacetado que abrange uma gama variada de actividades (Van Assche, 2016). Ao fazer a ponte entre investigadores, especialistas e agricultores, a extensão agrícola tem como objetivo melhorar a produtividade agrícola, promover práticas agrícolas sustentáveis e melhorar os meios de subsistência rurais. Na sua conceção, a extensão agrícola é uma prática de ensino coletivo no campo que tem lugar nas zonas rurais. É também uma abordagem educativa informal dirigida à comunidade rural, a fim de a ajudar a resolver os seus problemas.

A extensão agrícola refere-se à prática de fornecer aos agricultores os conhecimentos, as competências e os recursos necessários para melhorar as suas práticas agrícolas e aumentar os seus rendimentos. Envolve a transferência da investigação científica e dos avanços tecnológicos para a comunidade agrícola, ajudando-a a adotar métodos e tecnologias inovadores. A extensão agrícola pode ser descrita como a gama completa de organizações que ajudam os indivíduos a participar na produção agrícola, a fim de resolver desafios. Além disso, a extensão agrícola tem sido ultimamente caracterizada como sistemas que ajudam os agricultores a melhorar as suas competências técnicas, organizacionais e de gestão (Christoplos, 2010).

1.3.3. Serviços de extensão agrícola

Os serviços de extensão agrícola envolvem a transferência de conhecimentos e informações para os agricultores, ajudando-os a melhorar as suas práticas agrícolas e a aumentar os seus rendimentos. Estes serviços também desempenham um papel crucial na resposta a desafios como as alterações climáticas, as pragas e doenças e as flutuações do mercado. Ao adotar tecnologias de comunicação inovadoras, como as aplicações móveis e as plataformas em linha, os serviços de extensão agrícola podem chegar a um público mais vasto e prestar apoio em tempo real aos agricultores. Isto não só aumenta a eficiência destes serviços, como também capacita os agricultores para tomarem decisões informadas e se adaptarem à evolução das paisagens agrícolas.

Para diferentes pessoas, o serviço de extensão agrícola tem significados diferentes. Serviços de extensão agrícola Os serviços de extensão agrícola referem-se aos programas educativos e ao apoio prestado aos agricultores, às comunidades rurais e a outros intervenientes no sector agrícola. É definido como a intervenção de um governo e de uma organização não governamental nos agregados familiares agrícolas. Também pode ser definido como a produção de informação, conhecimento e competências que podem ajudar a impulsionar a adoção de tecnologias agrícolas melhoradas (Berhanu & Hoekstra, 2006). É um método de transferência de tecnologia, de aumento da aprendizagem dos adultos nas zonas rurais, de assistência aos agricultores na resolução de problemas e de aumento do seu interesse pela agricultura (Christoplos & Kidd, 2000).

1.4. Serviços de extensão agrícola na Etiópia

A evolução dos serviços de extensão agrícola na Etiópia remonta ao início do século XX, quando o país estava sob ocupação italiana. Durante esse período, o governo colonial italiano implementou programas de extensão para introduzir métodos agrícolas modernos e melhorar a produtividade agrícola. Depois de a Etiópia ter recuperado a sua independência em 1941, o governo continuou a investir nos serviços de extensão agrícola, reconhecendo a sua importância para a redução da pobreza e o desenvolvimento rural. Ao longo dos anos, a tónica destes serviços passou da transferência de tecnologia para uma abordagem mais holística que inclui a capacitação dos agricultores, a participação da comunidade e práticas agrícolas sustentáveis.

As iniciativas dos serviços de extensão têm historicamente apoiado a adoção de tecnologias na Etiópia (Alexander & Marco, 2020). Passaram pelo menos 50 anos desde o início da extensão no país (Biratu, 2008). O regime imperial estava muito provavelmente em vigor quando a expansão agrícola da Etiópia começou. A Escola Agrícola de Ambo foi fundada em 1931 (Waktole, 2020), o Ministério da Agricultura foi criado em 1943 (EEA, 2006a) e o Colégio Imperial Etíope de Agricultura e Arte Mecânica foi fundado em 1950. (Belay, 2002). A necessidade de formação de mão de obra de alto nível, a promoção da extensão agrícola e a distribuição dos resultados da investigação e dos conhecimentos científicos serviram de base para o início da extensão agrícola efectiva (Abesha et al., 2000).

Quadro 1: Serviços de extensão na Etiópia

	Tigray	Annhara	Oromla	SNNP	TOTAL
Salário financiado, média mensal em ETB	19⅛8	2712	2151	2191	2280
Alojamento ou subsídio de alojamento, % sim	81 5	56.4	29.5	16.7	40.9
Subsídio de transporte, % sim	5.0	2.2	fi.6	3.2	4.6
Subsídio de saúde, % sim	4.2	0.4	1.6	1.1	1.6
Férias anuais gozadas em 201 fi. dias em média	2.a	3 3	2.3	1.5	2.5
Existe algum prémio relacionado com o desempenho ou prémio para os ÜAs?	41.2	**42 3**	40.2	**45.fi**	41.9
Recebeu um prémio ou galardão, % sim	57.1	37 5	39.0	**32.9**	39.6
Tipo de prémio principal recebido, % *sim*					
Financeiro (dinheiro)	**39 3**	50.0	3.5	**17.9**	24.1
Certificado (reconhecimento)	2fi.fi	13.9	57.9	35.7	37.6
Oportunidade de educação	2fi.fi	27.8	26.3	28.6	27 5

Preparação	3.5	0.0	3.5	7.1	3.4
Transferência para o local preferido	0.9	8.3	fi.8	10.7	7.4
Satisfeito com a atual estrutura de incentivos das DA, % sim	20.2	29.1	25.6	31 .fi	27.0
Acesso a bicicletas, % sim	3.4	18.9	22.9	2.1	14.9
Acesso a motociclos. % sim	9.2	3.5	**4.1**	1.1	4.0
Acesso aos materiais da AES					
Folhetos. ¾ sim	57 **9**	66.9	49.0	535	55.7
Slides, % sim	**429**	14.5	14.3	**19.3**	19.2
Folhetos de embalagem, % sim	**86.6**	88.6	64.7	**636**	73.4
Relatórios anuais, % sim	**824**	74.9	67.2	fifi.fi	75.7
Dispõem de recursos suficientes para realizar plenamente todo o trabalho relacionado com a AES, % sim	10.1	8.4	3 3	9.1	6.7

(Inquérito Digital Green DA, 2016)

A estratégia mais eficaz e crucial para chegar às famílias rurais é a extensão agrícola (Aregawi, 2017). Assim, a extensão pode ser uma técnica para alcançar o Objetivo de Desenvolvimento do Milénio da Etiópia de reduzir a pobreza severa e a fome (Biratu, 2008). Os serviços de extensão agrícola que são eficientes, completos, baseados nas necessidades e participativos desempenham um papel significativo no aumento do rendimento e do bem-estar das famílias rurais (Tariku et al. 2021). Por conseguinte, foram envidados esforços para oferecer aos agricultores serviços de extensão agrícola através do fornecimento de subsídios aos factores de produção, da formação dos agricultores e da prestação de serviços de aconselhamento (Aregawi, 2017; Tewodaj et al., 2009). A expansão dos serviços de extensão agrícola é, por conseguinte, altamente prioritária, conduzindo a um aumento da produtividade agrícola (Aregawi, 2017).

Os esforços de extensão têm a reputação de serem essencialmente mal sucedidos nas zonas rurais (Gautam, 2000). No que diz respeito à capacidade do sistema agrícola etíope para provocar a mudança desejada nas comunidades rurais do país, tem-se dito mais do que feito na prática nas zonas rurais (EEA, 2006a). A participação dos agricultores na adoção de tecnologias agrícolas modernas e de informação é praticamente nula (Aregawi, 2017). Isso se deve à forte padronização dos programas de extensão como resultado da prestação de serviços públicos de cima para baixo que não prioriza as necessidades dos agricultores (Tewodaj et al., 2009). Os pontos de vista dos agricultores não mereceram atenção suficiente aquando da criação dos programas e políticas de extensão a nível local (Belay, 2002). Periodicamente, o desempenho do sector está em declínio, deixando os agricultores com menos produtos das suas operações agrícolas (Aregawi, 2017; Biratu, 2008).

1.5. A análise dos resultados

1.5.1. As contribuições dos serviços de extensão agrícola

Os serviços de extensão agrícola na Etiópia contribuem de várias formas. Os serviços de extensão agrícola melhoram a eficiência e a eficácia globais das práticas agrícolas na Etiópia. Ao fornecerem aos agricultores informações atempadas e pertinentes, os serviços de extensão agrícola permitem-lhes tomar decisões informadas e adotar tecnologias inovadoras. Isto não só ajuda a aumentar o rendimento das culturas e a melhorar a gestão do gado, como também reduz o risco de fracasso das culturas e a vulnerabilidade dos agricultores às alterações climáticas. Além disso, os serviços de extensão agrícola desempenham um papel crucial na promoção de práticas agrícolas sustentáveis, como a agricultura biológica e a agricultura de conservação, que contribuem para a proteção do ambiente e a gestão dos recursos naturais. De um modo geral, os serviços de extensão agrícola são indispensáveis para o crescimento e o desenvolvimento do sector agrícola da Etiópia. Os pormenores dos contributos globais dos serviços de extensão são discutidos em seguida.

1. Melhorar a agricultura

Os programas de extensão ajudam os agricultores da Etiópia a produzir mais alimentos numa variedade de contextos. Os elevados rendimentos agrícolas são obtidos graças aos serviços de extensão. O serviço de extensão ajuda os agricultores a aumentar a sua produção (Aregawi, 2017; Tigist et al., 2018a; Waktole, 2020). Isto significa que os serviços de extensão ajudam os agricultores a aumentar os seus rendimentos. Apesar disso, o estudo não conseguiu mostrar como os serviços de extensão na Etiópia ajudam os agricultores a aumentar os seus rendimentos. Além disso, os serviços de extensão aumentam a produtividade da terra (Biratu, 2008; Benefit Realize, 2020). Para aumentar a produção da terra, a extensão fornece uma variedade de fertilizantes orgânicos e inorgânicos. Estes fertilizantes podem depois ser usados para aumentar a produção agrícola em todo o país. No entanto, esta pesquisa carece de evidências significativas sobre a quantidade de fertilizante a ser usada no momento da aplicação. Nesta constatação, os tipos de fertilizantes a serem utilizados para aumentar a fertilidade ainda não estão bem definidos.

2. Melhorar a comercialização

O objetivo fundamental dos serviços de extensão é melhorar a comercialização dos produtos agrícolas. Como tal, os serviços de extensão contribuem para melhorar a comercialização dos produtos agrícolas. O sistema de extensão satisfaz as exigências de muitas partes em relação à venda de produtos agrícolas. A orientação para o mercado é auxiliada pelo sistema de extensão (Waktole, 2020; Asfaw, 2018). Como resultado do sistema de extensão, o comportamento dos proprietários de fazendas muda do consumo básico para a firmeza do mercado. Esta constatação é criticada pela falta de apresentação de como os produtos agrícolas são comercializados. Além disso, a extensão também facilita a comercialização (Teka et al. 2019). Ela fornece diferentes tipos de treinamento de conscientização sobre a importância da comercialização de produtos agrícolas. No entanto, este estudo foi criticado pelos seus métodos vagos de facilitação da comercialização.

3. Conservar os recursos naturais

Os recursos naturais são uma base vital para a produção agrícola e a proteção do ambiente. Os serviços de extensão enfatizam atualmente a salvaguarda dos recursos naturais na Etiópia. O Sistema de Extensão fornece educação sobre a conservação dos recursos naturais (Asfaw, 2018; Gerba, 2018; Waktole, 2020). Isto significa que a extensão organiza formação sobre a conservação dos recursos naturais. No entanto, estes estudos não indicaram os tipos de recursos naturais que devem ser objeto de maior concentração no contexto da Etiópia. Do mesmo modo, a extensão promove a reabilitação e a conservação dos recursos naturais (Benefit Realize, 2020). Isto apoia a recuperação da beleza perdida da natureza e protege os recursos remanescentes. A falta de recursos a serem reabilitados e protegidos não é claramente abordada neste estudo.

Quadro 2: Tecnologias fornecidas pela DA aos agricultores

Práticas tecnológicas	**Promotores Públicos que promoveram a tecnologia em 2015/16, %**	**Tema ou tecnologia solicitados pelos agricultores? (% sim)**
Preparação do terreno	98 J6	57.0
Seleção de sementes	97.0	60.0
Plantação de fileiras	SS.0	53.Û
Aplicação de fertilizantes	98.2	57.4
Gestão das culturas	97.2	53.4
Manuseamento pós-colheita	96.0	57.4
Conservação dos recursos naturais	96.4	49.2
Práticas inteligentes em termos climáticos	85.2	53.3
Ligações de mercado	75.5	57.7

Inquérito Digital Green DA, 2016

4. Divulgar informações

A divulgação da informação é o principal objetivo do sistema de extensão nas zonas agrícolas. Os serviços de extensão divulgam informações para resolver os problemas dos agricultores nos campos agrícolas. Alguns estudos indicam que o sistema de extensão divulga informação aos agricultores (Waktole, 2020; Teka et al. 2019). O sistema transfere informações relativas às actividades agrícolas. No entanto, as formas de informação agrícola difundida aos agricultores não foram claras nestes estudos. E depois, o sistema de extensão divulga informações úteis aos agricultores (Asfaw, 2018). Fornece informação quando esta é necessária com urgência. Por exemplo, durante os surtos de pragas, vento forte, chuva e conflito, a extensão transfere vários mecanismos de sobrevivência para os agricultores. Mas o tipo de informação que foi divulgada não se justifica.

5. Promover uma agricultura sustentável

Os serviços de extensão contribuem para a produção agrícola sustentável na Etiópia. O sistema de extensão inicia a produção sustentável da agricultura. Estudos anteriores mostraram que os serviços de extensão promovem a agricultura sustentável (Waktole, 2020; Teka et al., 2019). Apoia a utilização de tecnologia amiga do ambiente durante a agricultura. Também incentiva um sistema de produção economicamente viável em vários locais. Mas a forma como a sustentabilidade pode ser aplicada no sistema agrícola não foi esclarecida por estes estudos. Além disso, o sistema de extensão pode ajudar a sustentar a agricultura (Asfaw, 2018). É suposto contribuir para uma agricultura sustentável, estabelecendo assim intervenções nas zonas rurais. Embora esta constatação seja útil, falta uma imagem clara de como a agricultura é sustentada em todo o país. **6. Educar os agricultores**

Os serviços de extensão fornecem educação informal aos agricultores de todo o mundo. Promovem a utilização da educação de adultos, que tem o potencial de moldar as atitudes e as condições de vida dos agricultores nas zonas rurais. Alguns estudos mostraram que o sistema de extensão oferece formação aos agricultores do país (Aregawi, 2017; Biratu, 2008). Isto indica que vários programas de formação para o reforço das capacidades foram ministrados aos agricultores na Etiópia. No entanto, a forma como os agricultores foram formados não foi encontrada nestes estudos. Da mesma forma, o sistema de extensão ensina os agricultores sobre a utilização tecnológica (Asfaw, 2018; Gerba, Girma, Till, Anna et al., 2017a). Isto demonstra que o sistema de extensão ensina os agricultores a utilizar a educação de adultos em todo o país. O sistema criou o centro de formação dos agricultores em todas as unidades administrativas, ou menders. Apesar disso, o estudo não indicou o número de agricultores que receberam formação nas áreas de estudo.

7. Promover tecnologias

Os serviços de extensão contribuem para a promoção das tecnologias agrícolas junto dos agricultores. O sistema de extensão encoraja os agricultores a adotar novas tecnologias para aumentar os rendimentos. O sistema de extensão ajuda algumas dessas tecnologias a serem distribuídas aos agricultores (Waktole, 2020; Aregawi, 2017). Por vezes, as tecnologias podem ser fornecidas gratuitamente sem qualquer expetativa de custo por parte dos agricultores. Isto pode servir para aumentar a sua motivação para as novas tecnologias. No entanto, o presente estudo não identifica os tipos de novas tecnologias que estão a ser distribuídas gratuitamente no país. Além disso, o sistema de extensão promove tecnologias (Gerba, Girma, Till, Anna et al., 2017a; Guush et al., 2018). Traz pacotes de alimentos para os agricultores. Dependendo da natureza da tecnologia, isto pode ser gratuito ou a um custo. E, no entanto, há um limite nos métodos de promoção de novas tecnologias para os agricultores.

1.5.2. Os constrangimentos dos serviços de extensão agrícola

Há vários condicionalismos que têm de ser resolvidos para que se possa aproveitar plenamente o potencial dos serviços de extensão agrícola na Etiópia.

Um dos principais constrangimentos é a falta de infra-estruturas nas zonas rurais, que impede a aplicação efectiva das tecnologias da comunicação. O acesso limitado à eletricidade e à ligação à Internet restringe a divulgação da informação e limita o alcance dos serviços de extensão. Além disso, a escassez de extensionistas formados e qualificados constitui um desafio, uma vez que existe frequentemente um desfasamento entre a procura de serviços e os recursos humanos disponíveis. Estes condicionalismos devem ser ultrapassados através de investimentos específicos no desenvolvimento de infra-estruturas e de iniciativas de reforço das capacidades, a fim de garantir o êxito e a sustentabilidade dos serviços de extensão agrícola na Etiópia.

1. Interação fraca

A ligação entre os extensionistas e os agricultores no sistema de extensão é fraca. Os agricultores e os agentes de extensão trabalham individualmente em numerosas actividades agrícolas. Foi demonstrado que existe uma fraca interação entre os agricultores e os agentes de extensão em todo o país (Tewodaj et al., 2009; Tigist et al. 2018a). Isto mostra que existe uma ligação parcial entre os agentes de extensão e os agricultores na Etiópia. No entanto, as causas da fraca interação não foram indicadas neste estudo. Além disso, existe um baixo contacto entre os agentes de extensão e os agricultores (Tilahun, 2018). Isto indica que existe uma falta de confiança entre os extensionistas e os agricultores. Existe também um fraco serviço de aconselhamento aos agricultores por parte dos extensionistas (Gerba, 2018). Os agentes de extensão não oferecem serviços de aconselhamento aos agricultores na Etiópia. No entanto, os serviços de aconselhamento de que o Sistema de Extensão carece não são especificados.

2. Baixa participação

A falta de participação dos agricultores nas actividades de extensão contribui para o baixo nível de produção agrícola na Etiópia. Esta fraca participação não permite ter em conta as necessidades de todos os intervenientes na extensão. A participação dos agricultores no trabalho de extensão envolvido na extensão agrícola na Etiópia é baixa, de acordo com estudos anteriores (Tesfa, 2008; Aregawi, 2017; Asfaw, 2018; Waktole, 2020; Tariku et al. 2021). O nível e os tipos de participação que se estendem à extensão, por outro lado, não foram descobertos. Da mesma forma, a centralização rígida é utilizada pelo sistema de extensão nas fases de conceção (Berhanu & Hoekstra, 2006; Gerba, 2018). Utiliza uma abordagem de cima para baixo para prestar e conceber os serviços de extensão. Esta conclusão concentrou-se principalmente na planificação, deixando de fora a monitorização, a implementação e a avaliação. Além disso, é considerado como orientado para a oferta (Tigist et al. 2018b), e é um serviço de extensão insatisfeito (Guush et al., 2018). E ainda, este estudo não levou em consideração as necessidades e demandas dos agricultores.

3. Deficiência de competências técnicas

A falta de competências técnicas dos agentes de extensão constitui uma limitação crítica do trabalho de extensão. Desencoraja os agricultores a não adoptarem os novos serviços de extensão agrícola na Etiópia. As competências dos extensionistas são limitadas (Berhanu & Hoekstra, 2006; Gerba, 2018; Waktole, 2020). Isso indica que os agentes de extensão têm falta de conhecimento, habilidades e capacidade para realizar as atividades de extensão. Eles estão normalmente à espera que os supervisores e os especialistas da extensão regional/federal realizem as tarefas. No entanto, as competências específicas que faltam aos extensionistas foram negligenciadas. Além disso, há uma falta de extensionistas qualificados no domínio agrícola (Asfaw, 2018; Guush et al., 2018). A maioria dos extensionistas não estava qualificada para o trabalho que lhes foi atribuído. Eles trabalham em campos não relacionados em todo o país. No entanto, a natureza da classificação das pessoas e das qualificações não é especificada.

4. Falta de utilização dos serviços

Não existe uma aplicação correta dos serviços de extensão agrícola. Neste país, muitos dos serviços de extensão não chegam aos beneficiários corretos nos locais adequados. Na altura da operação, as intervenções de extensão são mudadas para outros locais e populações alvo. Consequentemente, alguns dos estudos mostram que as pessoas no país estão a subutilizar as tecnologias de disseminação (Gerba, 2018; Waktole, 2020). Isto implica que há uma fraca implementação dos serviços de extensão para os agregados familiares visados. Mas como e porque é que as pessoas não usam a tecnologia não é indicado. Além disso, os serviços de extensão estão cheios de preconceitos (Alemayehu & Marta, 2018; Asfaw, 2018; Tigist et al. 2018a). Como de costume, os serviços de extensão são tendenciosos em termos de género. São dominados pelas perspetivas dos homens. Da mesma forma, o método de extensão centra-se em locais potenciais selecionados. Não tem em conta as zonas pastoris e de planície do país. Esta constatação não é tão grave quanto o preconceito porque é segregada em termos de género, sexo, idade e localização.

5. Elo fraco da investigação-extensão

A fraca relação entre a investigação e a extensão é um constrangimento comum no sistema de extensão. De acordo com estudos anteriores, existe uma fraca relação entre a investigação e a extensão (Belay, 2002; Tesfa, 2008; Tewodaj et al., 2009; Asfaw, 2018; Belay & Dawit, 2017; Gerba, 2018; Guush et al., 2018; Tilahun, 2018; Teka et al. 2019). Na Etiópia, a fraca ligação entre a investigação e a extensão conduz a serviços de extensão orientados para a oferta. No entanto, as causas das más relações não foram identificadas neste estudo. Além disso, o feedback é deficiente (Tigist, Kavitha, Haimanot, Mohammed et al., 2018b). A comunicação entre a extensão e a investigação é de natureza linear. De cada um, há uma falta de feedback regular sobre as informações no país. Ainda assim, o tempo e a mensagem que carecem de feedback não são esclarecidos neste estudo.

6. Falta de incentivos

A escassez de incentivos constitui um perigo para os serviços de extensão. Ela reduz a inspiração dos extensionistas em relação aos serviços de extensão. O estudo indicou que a falta de vários serviços para os agentes de extensão é a maior limitação da extensão (Waktole, 2020). Por exemplo, alguns dos estudos mostraram que há falta de incentivos no sistema de extensão (Gerba, 2018; Guush et al., 2018; Teka et al. 2019). Os incentivos para os agentes de desenvolvimento agrícola foram ignorados na Etiópia. Mas os incentivos que eram necessários não foram encontrados nesses estudos. Entretanto, existe uma escassez de motivação financeira (Asfaw, 2018; Tesfa, 2008; Teka et al., 2019). O governo da Etiópia faz com que os salários dos agentes de extensão sejam os mais baixos entre os outros especialistas em desenvolvimento, particularmente os funcionários da saúde e da educação.

7. Falta de adaptação adequada às tecnologias

A falta de adaptação às tecnologias agrícolas apropriadas é um constrangimento no sistema de extensão. A falta de aclimatação às tecnologias adequadas não satisfaz as exigências da população local. De acordo com estudos, a incapacidade de se adaptar às novas tecnologias é uma das principais limitações dos serviços de extensão (Asfaw, 2018; Waktole, 2020). As tecnologias não são ajustadas com base nos locais. Da mesma forma, existem tecnologias insuficientes no sistema de extensão. As tecnologias disseminadas não chegam a todos. Ao mesmo tempo, existem baixas taxas de adoção de tecnologia em função do género (Catherine et al., 2013). Homens e mulheres não são considerados iguais. Há um desconhecimento dos interesses e das exigências das mulheres em matéria de tecnologias de extensão.

1.5.3. As perspectivas dos serviços de extensão agrícola

A extensão agrícola na Etiópia oferece muitas oportunidades. As perspectivas dos serviços de extensão agrícola são promissoras, uma vez que têm o potencial de revolucionar a forma como os agricultores trabalham na Etiópia. Através da utilização de plataformas digitais, como os telemóveis e a Internet, os serviços de extensão podem chegar até às zonas mais remotas, fornecendo informações e orientações cruciais aos agricultores. Além disso, a integração da análise de dados e de técnicas de agricultura de precisão pode ajudar os agricultores a otimizar os seus recursos e a tomar decisões informadas, aumentando, em última análise, a sua rentabilidade e competitividade no mercado. De um modo geral, as perspectivas dos serviços de extensão agrícola na Etiópia são brilhantes e, com investimento e inovação contínuos, podem desempenhar um papel significativo na transformação do sector agrícola.

1. Insumos agrícolas disponíveis

O acesso aos factores de produção agrícola é um problema para a produção agrícola em todo o mundo. O acesso aos factores de produção torna o sistema agrícola mais produtivo. Por exemplo, o aumento do acesso aos factores de produção agrícola ajuda os agricultores a aumentar a produção (Gerba, Girma, Till, Anna et al., 2017a). Isto responde às necessidades e exigências dos agricultores em matéria de extensão agrícola. No entanto, não são fornecidos dados sobre o aumento dos rendimentos agrícolas. A presença de terras aráveis, massas de água e boas condições climatéricas proporcionam uma oportunidade para os serviços de extensão (Waktole, 2020). Isto sugere que o facto de o país possuir suficientes massas de água, terra e condições climatéricas conduz aos melhores serviços de extensão no país. Estes insumos básicos da produção agrícola são os pontos de partida para a conceção bem sucedida de novas tecnologias ou serviços de extensão no país. No entanto, não foram apresentados os serviços de extensão a serem fornecidos em relação aos insumos disponíveis.

2. Elevada procura de produtos

A elevada procura de produtos agrícolas constitui uma oportunidade para os serviços de extensão. Aumenta a produção do sector agrícola e dos seus produtos. Um dos estudos mostrou que existe uma elevada procura no mercado agrícola (Gerba, 2018). Isso implica que muitas pessoas estão a consumir produtos agrícolas. Mas este estudo carece dos tipos de produtos agrícolas procurados pelo mercado. Por outro lado, a procura do mercado proporciona a oportunidade para o desenvolvimento da agricultura (Gerba, Girma, Till, Anna et al., 2017a). Isto liga o aumento da procura das pessoas ao desenvolvimento do sector agrícola. Quando as pessoas compreendem que os seus produtos são altamente necessários para o mercado, produzem mais nas suas explorações agrícolas. Isto pode, por sua vez, aumentar o desenvolvimento do sector agrícola. No entanto, este estudo não mostra uma relação clara.

3. Mão de obra disponível

O aumento do número de efectivos constitui uma oportunidade para o sistema de extensão na Etiópia. Apoia o desenvolvimento do sector agrícola. O estudo revelou que existe acesso a mão de obra capaz que impulsiona a produção agrícola (Gerba, 2018). Os critérios para a mão de obra acessível não são claros. Subsequentemente, há um número crescente de agentes de desenvolvimento nos domínios agrícolas (Abate, 2007; Gerba, Girma, Till, Anna et al., 2017a). Isto implica que o número crescente de agentes de desenvolvimento melhora a produção agrícola. Também aumenta a cobertura da extensão em termos de agricultores e locais. No entanto, estes estudos não forneceram o número mínimo e máximo de trabalhadores. Além disso, a disponibilidade e a motivação de muitos agricultores para adotar a nova tecnologia é uma oportunidade (Gerba, Girma, Till, Anna et al., 2017a). Isto indica que a presença de muitos agricultores envolvidos na agricultura é uma oportunidade no sistema de extensão. Neste estudo, existem inconvenientes para justificar o nível e o tipo de motivação.

4. Acesso financeiro

O acesso aos serviços de crédito é uma perspetiva para a extensão agrícola na Etiópia. Os serviços de extensão agrícola existentes apoiam o acesso dos agricultores aos serviços financeiros. Gerba, Girma, Till, Anna et al. (2017a) descobriram que estão a surgir numerosas tradições microfinanceiras para fornecer serviços de crédito aos agricultores em dinheiro e em espécie. O sistema distribui fundos a agricultores selecionados em áreas específicas do país. Esta constatação carece dos tipos de serviços prestados pelas instituições microfinanceiras. Do mesmo modo, existe uma atribuição de capital de arranque para aumentar a adoção de novas tecnologias (Gerba, Girma, Till, Anna et al., 2017a). Parte do dinheiro é dado ao grupo de pessoas para comprar uma determinada tecnologia. Mas faltam as novas tecnologias que estão a ser focadas pelo capital de arranque.

5. Dadores disponíveis

A motivação das organizações para investir na extensão agrícola é uma oportunidade para o desenvolvimento da agricultura. O apoio dos doadores internacionais contribui para os sistemas de extensão agrícola (Gerba, Girma,

Till, Anna et al., 2017a). Existem algumas organizações que estão dispostas a apoiar o trabalho de extensão no país. No entanto, os nomes das organizações de apoio ou dos doadores não são mencionados nas constatações. OXFAM (2016) indicou que alguns dos doadores prestam a devida atenção à extensão agrícola na Etiópia. Estão a trabalhar dia e noite para mudar a vida dos agricultores. No entanto, o estatuto da extensão salarial não é justificado. Gerba, Girma, Till, Anna et al. (2017a) descobriram que a maioria destes doadores se concentra na introdução de tecnologias de culturas alimentares que aumentam a produtividade na Etiópia. Entretanto, há uma falta de tipos de culturas alimentares apoiadas pelos doadores.

6. Acesso à estrada meteorológica e aos meios de comunicação social

O acesso às infra-estruturas, nomeadamente às estradas e aos telemóveis, constitui uma oportunidade para os sistemas de extensão. As infra-estruturas ligam os pequenos agricultores ao mercado e à informação. Há um acesso crescente a serviços rodoviários e de comunicação relacionados com o clima (Gerba, Girma, Till, Anna et al., 2017a). Isso significa que a presença de estradas e telefones fortalece o acesso a novas tecnologias e informações. No entanto, a quantidade de quilómetros que um agricultor pode ser classificado como acessível não é especificada nesta conclusão. Atualmente, os telemóveis ajudam os agricultores a telefonar e a aceder a dispositivos gratuitos para tecnologias de produção ou práticas agronómicas (Agência de Transformação Agrícola (ATA), 2014). Isto implica que os agricultores podem pedir as informações necessárias sem se deslocarem para zonas distantes e pagarem tarifas. No entanto, os destinatários a quem os agricultores comunicam não são especificados.

4 Conclusões e implicações políticas

1.6. Conclusões

A extensão agrícola é o principal mecanismo de reforço da produção agrícola. Os serviços de extensão agrícola desempenham um papel crucial na redução do fosso entre as instituições de investigação e os agricultores, através da divulgação de conhecimentos valiosos e das melhores práticas. A avaliação de diferentes estudos mostrou que os serviços de extensão agrícola deram um grande contributo para os meios de subsistência dos agricultores na Etiópia. Da mesma forma, este estudo descobriu os vários constrangimentos dos serviços de extensão agrícola em todo o país. Esta avaliação também encontrou muitas perspectivas para os serviços de extensão agrícola na Etiópia.

1.7. Implicações políticas

Ao tirar partido de tecnologias de comunicação inovadoras e ao envolver os extensionistas locais na tomada de decisões, os serviços de extensão agrícola na Etiópia podem efetivamente chegar aos agricultores e apoiá-los. Isto permitirá que os agricultores tenham acesso a informações importantes e adoptem técnicas agrícolas modernas, resultando numa maior produtividade e no crescimento económico. É fundamental que o governo e os intervenientes relevantes dêem prioridade ao desenvolvimento e à sustentabilidade destes serviços para garantir benefícios a longo prazo para o sector agrícola. Por conseguinte, o Governo da Etiópia tem de resolver os constrangimentos dos serviços de extensão e, ao mesmo tempo, utilizar as suas perspectivas para aumentar as contribuições dos serviços de extensão.

Além disso, o investimento na formação e no reforço das capacidades dos extensionistas é essencial para aumentar a sua eficácia na divulgação de conhecimentos e na prestação de orientação aos agricultores. Ao dotá-los das competências e dos recursos necessários, os extensionistas podem compreender melhor as necessidades e os desafios específicos enfrentados pelos agricultores e adaptar os seus serviços em conformidade. Além disso, o acompanhamento e a avaliação contínuos destes serviços de extensão permitirão ajustamentos e melhorias atempados para garantir a sua relevância e impacto num panorama agrícola em constante mudança. Em última análise, um sector agrícola próspero na Etiópia não só contribuirá para a segurança alimentar, como também criará oportunidades de emprego e aliviará a pobreza nas comunidades rurais.

1.8. Implicações para a investigação

A investigação futura pode explorar a eficácia das diferentes tecnologias de comunicação para chegar aos agricultores em zonas remotas e mal servidas, e a forma como estas tecnologias podem ser adaptadas para satisfazer as necessidades específicas dos agricultores etíopes. Além disso, estudar o impacto do envolvimento dos trabalhadores locais de extensão agrícola

A participação dos agricultores nos processos de tomada de decisão pode fornecer informações valiosas sobre o papel do envolvimento da comunidade no sucesso dos serviços de extensão. Além disso, é crucial compreender as barreiras que impedem os agricultores de adoptarem novas tecnologias e de as utilizarem eficazmente. Este conhecimento pode ajudar os decisores políticos e as organizações a conceber intervenções direcionadas e programas de apoio para ultrapassar estas barreiras. Além disso, a exploração do papel das parcerias entre o governo, o sector privado e as organizações sem fins lucrativos na promoção da adoção de novas tecnologias pode fornecer informações valiosas para o desenvolvimento agrícola sustentável na Etiópia. Ao abordar estas implicações da investigação, podemos garantir que os agricultores etíopes têm igual acesso à informação e aos recursos, levando a uma melhor produtividade e resultados económicos para todo o sector agrícola.

Referências

Abate, H. (2007). Revisão dos sistemas de extensão aplicados na Etiópia, com especial ênfase para o Sistema Participativo de Demonstração e Extensão de Formação (PADETS).

Abesha, D., Waktola, A., & Aune, J. B. (2000). Agricultural Extension in the Dry lands of Ethiopia (Extensão Agrícola nas Terras Secas da Etiópia). Relatório do Grupo de Coordenação das Terras Secas (Noruega).

Agência de Transformação Agrícola (ATA). (2014). Transformar a agricultura na Etiópia. Relatório anual.

Alemayehu, A., & Marta, H. (2018). Evolução histórica da abordagem do serviço de extensão agrícola na Etiópia - uma revisão. Agricultural Extension Journal, 2 (4), 2012102521 - 0408. Artigo de revisão

Alexander, J., & Marco, G. (2020). A dor de uma nova ideia: A resposta dos late bloomers ao serviço de extensão na Etiópia rural. Econ.EM.

Anaeto, F. C., Asiabaka, C. C., Nnadi, F. N., Ajaero, J. O., Ugwoke, F. O., Ukpongson, M. U., & Onweagba, A. E. (2012). O papel dos extensionistas e dos serviços de extensão no desenvolvimento da agricultura na Nigéria. Wudpecker, Journal of Agriculture Research, 1 (6), 180-185. Brasil

Aregawi, B. (2017). O papel dos serviços de extensão agrícola no aumento da produtividade das culturas alimentares dos pequenos agricultores no caso de Atsbi Womberta Woreda, Tigray Oriental e Etiópia. Actas do 11.º Fórum Anual de Investigação para Estudantes,

Asfaw, A. (2018). Revisão sobre o papel e os desafios do serviço de extensão agrícola na produtividade agrícola na Etiópia. Revista Internacional de Educação e Extensão Agrícola, 4(1), 093-100. www.premierpublishers.org

Belay, K. (2002). Constrangimentos ao trabalho de extensão agrícola na Etiópia: The insiders' view. South African Journal of Agricultural Extension, 31.

Belay, K. (2003). Agricultural extension in Ethiopia: The case of participatory demonstration and training extension system. Journal of Social Development in Africa, 18(1), 49-83. https://doi.org/10.4314/jsda.
v18i1.23819

Belay, K., & Abebaw, D. (2004). Challenges facing agricultural extension agents: A case study from south-western Ethiopia. Banco Africano de Desenvolvimento, P (1), 139168. https://doi.org/10.1111/j.1467-8268.
2004.00087.x

Belay, K., & Dawit, A. (2017). Ligações entre investigação agrícola e extensão: Desafios e opções de intervenção. Ethiopian Journal of Agricultural Sciences, 27 (1), 55-76.

Benefício Realizar (BR). (2020). Serviço de extensão agrícola na Etiópia: Realizações e desafios e estudo de caso sobre extensão personalizada.

Berhanu, G., & Hoekstra, D. (2006). Commercialization of Ethiopian agriculture: Extension service from input supplier to knowledge broker and facilitator. IPMS (Improving Productivity and Market Success) of Ethiopian farmers project working paper 1. ILRI (Instituto Internacional de Investigação Pecuária), Nairobi, Quénia.

Biratu, G. (2008). Extensão agrícola e o seu impacto na diversidade de culturas alimentares e nos meios de subsistência dos agricultores em guduru, wollega oriental, Etiópia. Uma tese apresentada em cumprimento parcial do requisito para a obtenção do grau de Mestre em Gestão de Recursos Naturais e Agricultura Sustentável (MNRSA). Universidade Norueguesa de Ciências da Vida (UMB), Noruega.

Catherine, R., Guush, B., Fanaye, T., & Alemayehu, S. (2013). A qualidade importa e não a quantidade: Evidence on productivity impacts of extension service provision in Ethiopia. Documento selecionado preparado para apresentação na Reunião Anual Conjunta da Associação de Economia Agrícola e Aplicada 2013 AAEA & CAES,

Washington, DC: O editor é o Instituto Internacional de Investigação sobre Política Alimentar (IFPRI).

Christoplos, I. (2010). Mobilizar o potencial da extensão rural e agrícola. Organização das Nações Unidas para a Alimentação e a Agricultura (FAO) e fórum mundial de serviços de aconselhamento rural. FAO.

Christoplos, I., & Kidd, A. (2000) Guide for monitoring, evaluation and joint analysis of pluralistic extension support. Grupo de Neuchâtel e Centro Suíço de Extensão Agrícola e Desenvolvimento Rural. http:// www.neuchatelinitiative.net

AEA. (2006a). Avaliação da extensão agrícola da Etiópia, com especial destaque para o sistema participativo de demonstração e formação da extensão (PADETS). Em Ethiopian Economic association/ Ethiopian Economic Policy research Institute. Addis Abeba.

FAO. (2019). Manual de extensão agrícola para extensionistas. Reforço da capacidade das Associações de Agricultores para aumentar a produção e a comercialização de culturas de raízes, frutas e legumes nos EFM.

Gautam, M. (2000). Agricultural extension: The Kenya experience: An impact evaluation. Estudos de avaliação das operações. Banco Mundial.

Gerba, L. (2018). O Sistema de Extensão Agrícola da Etiópia e o seu papel como ator de desenvolvimento: Cases from Southwestern Ethiopia. Dissertação de doutoramento da Universidade de Bona.

Gerba, L., Girma, K., Till, S., & Anna, H. (2017a). O sistema de extensão agrícola na Etiópia: Configuração operacional, desafios e oportunidades. Documento de Trabalho 158. ZEF Working Paper Series, 1864-6638 Centro de Investigação para o Desenvolvimento, Universidade de Bona.

Gerba, L., Girma, K., Till, S., & Anna, H. (2017b). O sistema de extensão agrícola na Etiópia: Configuração operacional, desafios e oportunidades. Documento de Trabalho 158. ZEF Working Paper Series, 1864-6638 Centro de Investigação para o Desenvolvimento, Universidade de Bona.

Guush, B., Catherine, R., Gashaw, T., & Thomas, W. (2018). O estado dos serviços de extensão agrícola na Etiópia e sua contribuição para a produtividade agrícola. Programa de Apoio à Estratégia. Documento de Trabalho 118. IFPRI.

Harris, D. R., & Fuller, D. Q. (2014). Agricultura: Definição e visão geral. Em (Ed.), Enciclopédia de Arqueologia Global (Claire Smith (pp. 104-113). Springer.

Nwafor, C. (2020). A review of agricultural extension and advisory services in subSaharan African countries: Progress with private sector involvement. https://doi. org/10.20944/preprints202008.0294.v1

OXFAM. (2016).El Niño na Etiópia: Observações do programa sobre o impacto da seca na Etiópia e recomendação de ação. OXFAME L Niño Briefings, I https://www.oxfam.org/sites/www.oxfam.org/files/ file_attachments/bn-el-nino-ethiopia-240216-en.pdf

Dicionário de Inglês Oxford. (1971). The Oxford English dictionary. Oxford University Press.

Qamar, M. K. (2005). Modernizing national agricultural extension system: A practical guide for policy makers of developing countries. FAO, Divisão de Investigação, Extensão e Formação.

Tariku, K., Abrham, S., & Alemseged, G. (2021). Análise do estado e determinantes do acesso das famílias rurais aos serviços de extensão agrícola: O caso de Jimma Geneti Woreda, estado regional de Oromia, Etiópia. Revista Internacional de Extensão Agrícola e Estudos de Desenvolvimento Rural, 8(1), 52-99.

Teka, D., Mulugeta, G., & Alemayehu, A. (2019). Contribuições e desafios na ligação entre investigação e extensão para a transformação agrícola na Etiópia: A review. Revista Internacional de Extensão Agrícola, 2311-8547. http://www.escijournals.net/IJAE

Tesfa, C. (2008). Avaliação dos problemas dos serviços de extensão agrícola na Etiópia: O caso do pacote de extensão das culturas alimentares em Guto Gida Woreda, Zona Leste de Wollega, Estado Regional Nacional de Oromia. Uma tese apresentada à Universidade de Adis Abeba, Faculdade de Estudos de Desenvolvimento, em cumprimento parcial do requisito para o grau de mestre em estudos de desenvolvimento (meios de subsistência e desenvolvimento rural).

Tewodaj, M., Marc, J., Regina, B., Mamusha, L., Josee, R., Fanaye, T., & Zelekawork, P. (2009). Agricultural Extension in Ethiopia through a Gender and Governance Lens Development Strategy and Governance Division, International Food Policy Research Institute - Ethiopia Strategy Support Program 2.

Tigist, P., Kavitha, N., Haimanot, A., & Mohammed. (2018a). Extensão agrícola: Desafios do serviço de extensão para os pobres e jovens rurais na região de Amhara, noroeste da Etiópia. O caso da Zona Norte de Gondar. Revista Internacional de Pesquisa e Gestão Científica (IJSRM), 6. 57.47, (2016): 93.67. https : //doi.org/10.18535/ij srm/v6i2 .ah02

Tigist, P., Kavitha, N., Haimanot, A., & Mohammed. (2018b). Extensão agrícola: Desafios do serviço de extensão para os pobres e jovens rurais na região de Amhara, noroeste da Etiópia. O caso da zona norte de Gondar. Revista Internacional de Investigação Científica e Gestão (IJSRM), 6 (2), AH-2018- 05-14. (e): 2321-3418 Index Copernicus value (2015): 57.47, (2016):93.67DOI: https://doi.org/10. 18535/ijsrm/v6i2.ah02

Tilahun, S. (2018). Revisão sobre a ligação agricultura-indústria e a adoção de tecnologia na Etiópia: Challenges and opportunities. Tropical Drylands Volume

2, Número 1, Página E-, 25802828, 18-27. https://doi.org/10.13057/trop terras secas/t020104

Van Assche, K. (2016). Afterwards: Expertise e desenvolvimento rural após os sovietes. In A.-K.

Hornidge, A. Shtaltovna, & C. Schetter (Eds.), Agricultural knowledge and knowledge systems in post-soviet societies (Vol. 15, pp. Peter Lang). Estudos Interdisciplinares sobre a Europa Central e de Leste.

Waktole, B. (2020). Revisão dos papéis e desafios do sistema de extensão agrícola no crescimento da produção agrícola na Etiópia. Jornal de Ciências Vegetais. https://doi.org/10.11648/j.jps.20200806.11

Printed by Books on Demand GmbH, Norderstedt / Germany